中国儿童青少年体育健康促进行动方案（2020-2030）

国家社科基金重点课题
“‘双减’政策背景下学校体育高质量发展研究”项目组　编著

华东师范大学出版社
·上海·

图书在版编目（C I P）数据

中国儿童青少年体育健康促进行动方案．2020-2030/ 国家社科基金重点课题“‘双减’政策背景下学校体育高质量发展研究”项目组编著．-- 上海：华东师范大学出版社，2023
ISBN 978-7-5760-1918-6

Ⅰ．①中… Ⅱ．①国… Ⅲ．①儿童－体育运动－研究－中国－ 2020-2030 ②青少年－体育运动－研究－中国－2020-2030 Ⅳ．① G812.45

中国版本图书馆 CIP 数据核字 (2021) 第 115428 号

中国儿童青少年体育健康促进行动方案（2020-2030）

编　　著　国家社科基金重点课题“‘双减’政策背景下学校体育高质量发展研究”项目组
责任编辑　朱妙津
责任校对　刘伟敏
装帧设计　KDL 设计团队

出版发行　华东师范大学出版社
社　　址　上海市中山北路 3663 号　邮编 200062
网　　址　www.ecnupress.com.cn
电　　话　021-60821666　行政传真　021-62572105
客服电话　021-62865537　门市（邮购）电话　021-62869887
地　　址　上海市中山北路 3663 号华东师范大学校内先锋路口
网　　店　http://hdsdcbs.tmall.com

印 刷 者　上海邦达彩色包装印务有限公司
开　　本　787×1092　16 开
印　　张　4.75
字　　数　123 千字
版　　次　2021 年 5 月第 1 版
印　　次　2023 年 7 月第 2 次
书　　号　ISBN　978-7-5760-1918-6
定　　价　68.00 元

出 版 人　王　焰
（如发现本版图书有印订质量问题，请寄回本社客服中心调换或电话 021-62865537 联系）

《中国儿童青少年体育健康促进行动方案（2020-2030）》

编委会

「

深化具有中国特色体教融合发展，推动青少年文化学习和体育锻炼协调发展，促进青少年健康成长、锤炼意志、健全人格，培养德智体美劳全面发展的社会主义建设者和接班人。

」

—— 体育总局、教育部《关于印发深化体教融合 促进青少年健康发展意见的通知》，2020 年 8 月 31 日

「

学校体育是实现立德树人根本任务、提升学生综合素质的基础性工程，是加快推进教育现代化、建设教育强国和体育强国的重要工作，对于弘扬社会主义核心价值观，培养学生爱国主义、集体主义、社会主义精神和奋发向上、顽强拼搏的意志品质，实现以体育智、以体育心具有独特功能。

」

—— 中共中央办公厅、国务院办公厅《关于全面加强和改进新时代学校体育工作的意见》，2020 年 10 月 15 日

运动点燃未来！

目录

PART 1
总论

引言

2020年是全面建成小康社会和“十三五”规划的收官之年，也是实现第一个百年奋斗目标的决胜之年。站在“两个一百年”的历史交汇点，面对新的征程和挑战，儿童青少年一代终要接过传承民族精神的火炬，担负起祖国未来发展的重任，成为民族复兴的亲历者和担当者。在中国未来发展和儿童青少年的成长中，体育是一个至关重要的因素。习近平总书记指出：“发展体育事业不仅是实现中国梦的重要内容，还能为中华民族伟大复兴提供凝心聚气的强大精神力量。”未来的一代人究竟是四体不勤，疏于锻炼，还是积极运动，享受体育，拥抱健康，将成为中华民族复兴之路能否行稳致远、通贯畅达的关键所在。

百年前，面对列强入侵、国将不国的危难局面，著名教育家、南开学校创始校长张伯苓先生就曾喊出“强国必先强种，强种必先强身”的时代强音；百年后，强健体魄依旧是一切行动的根基，“少年强则国强”的号角也依旧需要努力吹响。时至今日，我们所追求的“少年强”不但包含了人和社会发展的方方面面，同时也被赋予了更加广泛而深远的时代期许。正如习近平总书记所言，“少年强、青年强是多方面的……也包括身体健康、体魄强壮、体育精神。”当前，我国儿童青少年身心健康状况令人担忧：儿童青少年近视、肥胖、脊柱侧弯等体质问题愈发严重；体育与教育分离，使得学生的全面发展更多地沦为纸上谈兵；逐年攀升的儿童青少年心理行为问题发生率和精神障碍患病率正成为重要的公共卫生问题……这些问题已给国家未来建设与发展埋下巨大隐患。

为应对危机和挑战，近年来党中央、国务院相继颁布了多项聚焦儿童青少年体育健康促进的政策法规，如《青少年体育“十三五”规划》《“健康中国2030”规划纲要》《体育强国建设纲要》等。立足于新时代，2020年4月27日中央全面深化改革委员会第十三次会议审议通过的《关于深化体教融合 促进青少年健康发展的意见》明确指出：“深化具有中国特色体教融合发展，推动青少年文化学习和体育锻炼协调发展，促进青少年健康成长、锤炼意志、健全人格，培养德智体美劳全面发展的社会主义建设者和接班人。”2020年8月31日，国家体育总局和教育部针对深改委会议精神联合印发了深化体教融合的具体实施意见。这些连贯性的政策法规不但为我国儿童青少年健康促进的发展描绘了宏伟蓝图，同时也为儿童青少年体育健康促进工作指明了新的方向。

华东师范大学研究团队从整个中华民族未来的可持续发展、人民大众日益增长的健康需求出发，多年来一直致力于我国儿童青少年体育健康促进的研究实践，并借鉴世界各国体育健康促进行动的优秀经验，研制了《中国儿童青少年体育健康促进行动方案（2020-2030）》（以下简称《行动方案》）。本方案坚持“健康第一”的教育理念，通过提供有效的体育健康促进实施策略和行动计划，营造积极的身体活动支持环境，为学校、家庭、社区以及有关部门提供一套系统完整且兼具操作性的儿童青少年体育健康促进行动方案，从而在全社会营造积极的身体活动支持环境。

研制背景

世界卫生组织（WHO）的最新研究显示：世界范围内约80%的青少年未达到每天60分钟中等到高强度体育锻炼（MVPA）的身体活动建议标准，各国青少年普遍存在身体活动不足的公共健康问题。

＊数据来源：国际知名杂志《柳叶刀》

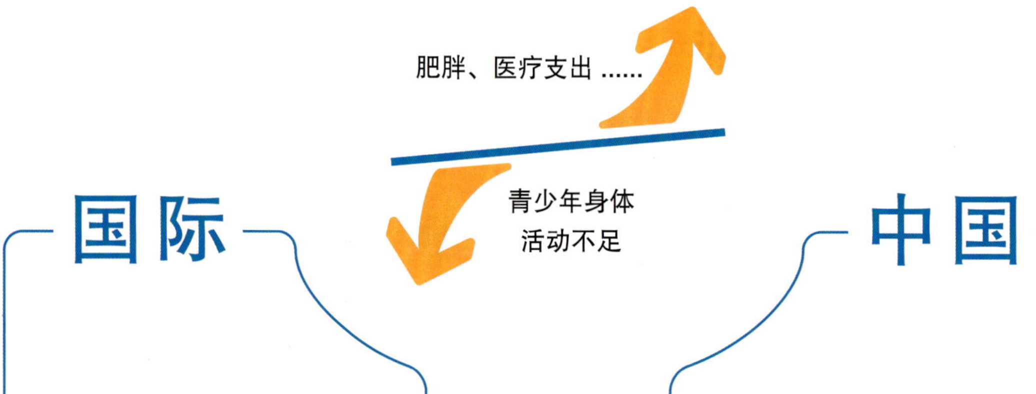

国际

2008年5月，第61届世界卫生大会，呼吁成员国尽快制定以促进健康为目的的国家身体活动指南，并抓紧推出和具体落实与之相关的配套政策和干预措施。

2018年，世界卫生组织进一步颁布了《身体活动全球行动计划（2018-2030）》，为各会员国增加人们的身体活动水平提供极具前瞻性的科学依据和施措方向。

目前，美国、英国、加拿大、爱尔兰、丹麦、澳大利亚、新西兰、新加坡等国家和地区，已先后出台了符合各自国情特点的身体活动指南和具有较强可操作性的行动干预方案。

中国

我国先后颁布了《“健康中国2030”规划纲要》《健康中国行动（2019-2030年）》《关于全面加强和改进新时代学校体育工作的意见》等系列文件，并提出全面实施青少年体育活动促进计划。

然而，当前我国在儿童青少年健康促进的行动实践方面还存在较大的提升空间：体育对于儿童青少年健康促进的核心地位有待进一步凸显；体育健康促进相关议题亟须从政策建议层面进入实践应用层面；系统、综合、可操作的儿童青少年体育健康促进行动干预方案需要抓紧出台；儿童青少年身体活动参与的激励体系和监控机制也必须尽快确立。

因此，本《行动方案》的核心使命在于：从早日实现中华民族伟大复兴的历史高度着眼，从多学科视角出发，将国家的政策引导落实为可规划、可实施、易操作的具体举措，促成体育与健康、体育与教育的深度融合，使体育成为惠及每一位儿童青少年健康成长的有力抓手。

研制思路

"青少年健康评价与运动干预教育部重点实验室"
（华东师范大学体育与健康学院研究团队）

梳理国内外体育健康促进发展脉络和演进过程

加强与国内外专业组织机构的合作交流
中国体育科学学会（CSSS）、美国健康和体育教育工作者协会（SHAPE America）
"金砖五国"体育科学学会（BRICSCESS）、国际华人体育与健康协会（ICSPAH）

一系列重磅研究成果
《中国儿童青少年体育健康促进行动框架》等

以宏观政策为引领　　以解决问题为导向

近30个实验基地的400余所实验学校

"大健康观""主动健康"　　理论结合实践　　全生态环境视角

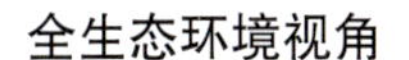

筑牢防线
推行科学的"赛事挑战"奖励计划

力守阵地
实施优质的体育与健康课程

智

融

Keep Daily Life
中国儿童青少年体育健康促进行动

形成特色
建立动态持续的运动智能监控体系

抓住重点
营造浓郁的"活力校园"氛围

补齐短板
创设完整的"家庭-学校-社区"多元联动机制

研制历程

政策环境　国际交流　课题研究　研讨实践　学术成果

理论探索阶段（2007-2014）

2007

- 《关于加强青少年体育增强青少年体质的意见》

2010

- 上海市浦江人才计划资助课题（10PJC031）
  构建基于青少年儿童健康发展的中小学体育课程——美国SPARK课程在我国体育教学中的应用研究

2011

- 《全民健身计划（2011-2015年）》
- 《义务教育阶段体育与健康课程标准（2011年版）》
- 国家社科基金重大招标项目子课题
  中国青少年体质健康促进综合干预模式的研究
- 国家社会科学基金一般项目（11BTY042）
  中国青少年学生健康促进工程创新研究

2012

- "健康是促进人的全面发展的必然要求"，党的十八大，2012
- 《关于进一步加强学校体育工作的若干意见》
- 上海市曙光计划资助项目（12SG26）
  上海市青少年健康促进战略研究
- 《小学体育与健康教学法》，高等教育出版社，2012.2

2013

- 《中共中央关于全面深化改革若干重大问题的决定》，党的十八届三中全会，2013
- 美国健康和体育教育协会年会（SHAPE America ,2013）
- 《SPARK体育课程教师用书：学前/过渡阶段至小学二年级》，东北师范大学出版社，2013.11
- 上海市教委委托项目(52YC2010)
  上海市体育教师国际发展中心建设
- 教育部重点实验室开放课题基金重点项目（7823005D）
  基于智能产品的学生体质健康监测管理实验研究

2014

- 《关于加快发展体育产业促进体育消费的若干意见》
- 《中国青少年体育健康促进的理论溯源与框架构建》，《体育科学》，2014.3
- 《国际视域下当代体育课程模式的发展向度与脉络解析》，《体育科学》，2014.11
- 《小学足球教学》（3本/套），高等教育出版社，2014.9

实践探索阶段（2015—2016）

2015

- 《关于加快发展青少年校园足球的实施意见》
- 《体育教学风格》，高等教育出版社，2015.3
- 《体育与健康新课程热点探析》，华东师范大学出版社，2015.10
- 《儿童青少年身体活动研究的国际发展趋势与热点解析——基于流行病学的视角》，《体育科学》，2015.7
- 国家外专局高端外国专家项目（文教类）（20153100019）　基于青少年健康发展的体育教师教育研究
- 上海市教委学生健康促进工程重大委托项目（HJTY-2014-A18）　提高上海市中小学生身心健康水平的课堂教学关键方法研究
- 国家社科基金重点项目（教育学）（ALA150010）
  聚焦深化教育领域综合改革中的青少年体育问题及对策研究

2016

- 《青少年体育"十三五"规划》
- 《关于加强健康促进与教育的指导意见》
- 《全民健身计划（2016-2020年）》
- 《关于强化学校体育　促进学生身心健康全面发展的意见》
- 《"健康中国2030"规划纲要》
- 《青少年体育活动促进计划》
- 《全民健身条例》（修订版）
- Exploring Principals' Physical Education Perceptions and Views in Shanghai, China, RQES: CONVENTION SUPPLEMENT, 2016
- 《关注学校健康促进　重塑体育教育功能》，《中国学校体育》，2016.4
- 国家社科基金（教育学）重点项目和国家社科基金重大项目研讨会，上海，2016.4
- 《SPARK体育课程教师用书：小学三至六年级》，东北师范大学出版社，2016.2
- 《新西兰儿童青少年身体活动指南的解读及启示——积极身体活动文化建设的视角》，《武汉体育学院学报》，2016.5

2017

- 《普通高中体育与健康课程标准(2017年版)》
- "实施健康中国战略"，党的十九大，2017

- Factors Impacting Physical Activity: Perceived Exercise, Fitness, and Supportive Environment，RQES: CONVENTION SUPPLEMENT，2017

- 国家社科基金(教育学)重点项目数据分析研讨会，上海，2017.4
- 国家社科基金(教育学)重点项目成果展示，深圳，2017.6
- 国家社科基金(教育学)重点项目阶段性成果展示，烟台，2017.11
- 国家社科基金(教育学)重点项目和国家社科基金重大项目研讨会，重庆，2017.12

2018

- 《中国儿童青少年身体活动指南》

- 美国健康和体育教育协会年会(SHAPE America，2018)
- 首届国际幼儿运动与游戏协会会议(IASAPYC)
- 第9届亚太运动会与体育科学大会(9th APCESS)
- Investigating the Common Content Knowledge of Chinese Physical Education Teachers, RQES: CONVENTION SUPPLEMENT, 2018

- 国家社科基金(教育学)重点项目和国家社科基金重大项目实践调研，洛阳，2018.11
- 2018年青少年健康评价与运动干预高峰论坛，上海，2018.11

2019

- 《健康中国行动（2019-2030年）》
- 《体育强国建设纲要》

- 第二届"金砖五国"体育科学大会(2nd BRICSCESS)
- 第二届国际幼儿运动与游戏协会会议(2nd IASAPYC)
- 第十一届中国体育科学大会（CSSS）
- 2019国际体育课程与教学大会
- Evaluation of the Psychometric Properties of the Test of Gross Motor Development–Third Edition (TGMD-3) in Chinese Children, RQES: CONVENTION SUPPLEMENT,2019
- A Cross-Sectional Study of the Changes in Content Knowledge From Freshmen to Juniors in China, RQES: CONVENTION SUPPLEMENT,2019

- 上海市社科基金项目（2009BTY001）上海市青少年学生体质健康发展与监测管理的互动模型研究
- 国家社科基金(教育学)重点项目和国家社科基金重大项目实践调研，中山，2019.3
- 国家社科基金(教育学)重点项目和国家社科基金重大项目研讨会，无锡，2019.6
- 国家社科基金(教育学)重点项目和国家社科基金重大项目研讨会，上海，2019.8
- 国家社科基金(教育学)重点项目和国家社科基金重大项目实践调研，西安，2019.9

- 《落实体育与健康课程标准 实现高质量课堂教学——走近KDL体育与健康课程中国学校体育》，2019.4
- 《KDL体育与健康课程》（大水平一、二、三），华东师范大学出版社，2019
- 《KDL幼儿运动游戏课程》（大班、中班、小班），华东师范大学出版社，2019
- 《国际儿童青少年身体活动指南的透视与解析——基于美、欧、亚、澳四大洲的特征比较》，《成都体育学院学报》，2019.1

2020

- 《关于深化体教融合 促进青少年健康发展的意见》
- 《关于全面加强和改进新时代学校体育工作的意见》
- 《深化新时代教育评价改革总体方案》
- 《关于深入开展爱国卫生运动的意见》

- Psychological Well-Being and Its Factors in School-Aged Children, RQES: CONVENTION SUPPLEMENT,2020
- Comparative Study of Quality Physical Education Teaching Practices, RQES: CONVENTION SUPPLEMENT,2020

- 《中国儿童青少年体育健康促进发展战略研究》，《成都体育学院学报》，2020.5
- 《历史演进与政策嬗变：从"增强体质"到"体教融合"——中国儿童青少年体育健康促进政策演进的特征分析》，《中国体育科技》，2020.10

方案形成阶段（2017–2020）

JEAN WEAR
JEAN WEAR

PART 2

行动愿景

行动愿景

兴·融·亲·常·智

兴体育（民族＋体育）

以体兴国，谱写健康中国新篇章

融体育（素养＋体育）

创新提质，铸就新时代追梦人

亲体育（家庭＋体育）

体育入家，建立健康亲子关系

常体育（生活＋体育）

全民运动，构建体育生活常态

智体育（科技＋体育）

体科“联姻”，助力未来体育新发展

兴体育（民族 + 体育）

以体兴国，谱写健康中国新篇章

体育是社会发展与人类文明进步的重要标志，体育事业发展水平是一个国家综合国力和社会文明程度的具体体现。在中国特色社会主义的制度设计中，人民健康始终处于优先发展的战略地位。正如习近平总书记所言："没有全民健康，就没有全面小康。"党的十九大报告中提到的健康中国战略中，体育更是从配角转变为主角，成为大健康、大卫生工作中"治未病"的重要环节。在实现"兴"健康和"兴"国运的美好愿景中，"兴"体育也正在成为众望所归的不二选择。"兴"体育首先要在道路上探索和总结体育促进儿童青少年健康发展的中国特色模式，让执行体育与健康课程标准、集中调配体育健康资源、共享体育健康成果的运作方式更加标准化和更加高效。其次，"兴"要秉持人民为中心的理念，将体育惠及人民大众作为价值指向，在实现体育大国到体育强国的战略转变中，充分结合我国的人口特征和现有建成环境特点，追求儿童青少年健康益处的最大化。再次，"兴"要总结中国体育发展过程中"举国体制"的东方智慧、文化特征和制度优势，通过著名运动员进校园等活动探索借由"国乒荣耀"和"女排精神"继承发扬中华体育精神的落实机制，明晰我国儿童青少年体育健康促进的实施路径，从源头上凝聚振兴中华的健康促进力量，培育德智体美劳全面发展的时代新人。最后，"兴"要继承和发扬中华民族传统体育文化，贯彻实施武术进校园、武术进课程策略，打造儿童青少年民族传统体育赛事，培育民族传统体育特色教师和建设民族传统体育特色学校。

融体育（素养 + 体育）

创新提质，铸就新时代追梦人

培养全面发展的人才是中国特色社会主义教育的重要育人方向，而体育则是全人教育不可或缺的重要组成部分，体育与教育的深度融合正成为新时代的重要期许。早在1917年，毛泽东同志在《新青年》上发表的《体育之研究》一文中明确指出："体育一道，配德育与智育，而德智皆寄于体。无体是无德智也。"新时代的体育应当贯彻"以人为本"的理念，从当前社会实际需求和反映强烈的问题入手，紧扣体育核心素养，充分发挥体育的育人功能，德、智、体、美、劳"五育"并举，培养既懂得体育知识、熟练掌握运动技能，又真正热爱体育、全面发展的人，真正实现体育与教育的深度融合。新的历史时期，体育与教育的融合，不应只停留在理论层面，也不应仅停留在表浅的结合层面，更应该从新时代追梦人勇于担当、勇于奋斗的具体要求出发，挖掘并发挥彼此"一体两面"的功能属性，从体育中寻找教育资源，从教育中发掘体育的育人功能。《行动方案》将着眼于儿童青少年的未来，以"育体"为基础，以"育人"为核心，努力践行"体教融合"精神，探索儿童青少年体育与健康发展新方向，促进"健康第一"教育理念的深入人心，培养儿童青少年终身运动的习惯和意识，从社会主义核心价值观出发，塑造素养全面、身心健康的新时代追梦人。《行动方案》将围绕"实施优质的体育与健康课程""营造浓郁的'活力校园'氛围""创设完整的'家庭-学校-社区'多元联动机制""推行科学的'赛事挑战'奖励计划"和"建立动态持续的运动智能监控体系"五个方面，积极创新教育理论和实践思路，从课内课外、校内校外全方面提升体育教育质量，协助学校统筹好体育教育开展中的规模和布局、硬件和软件、家庭和社会等相互关系，切实解决传统体育教育中学习目标落后、教学资源不足、培养手段单一、评价方式片面等问题，通过素养提升推动体育教育事业走向新高度。

亲体育（家庭 + 体育）

体育入家，建立健康亲子关系

"家是最小国，国是千万家。"体育兴国必先兴家。当代社会中，手机、电脑等电子产品广泛普及渗透，在大大改变人类生活方式的同时，也使亲子关系面临着巨大考验，儿童青少年的身体更是出现了"软、硬、笨、晕"的现状。"放下电子产品，来一场亲子运动"正成为家长和孩子的迫切需要。体育到家，让运动成为亲子共同的生活方式，不仅能够融洽家庭关系，还有助于孩子形成健康的人格和积极向上的生活态度，从而有效地提升家庭的幸福水平。《行动方案》将努力创造积极的互动式家庭运动环境，营造父母陪伴和支持的家庭运动氛围，让家庭成为促进儿童青少年积极参与体育锻炼的助推剂，形成"家庭－学校－社区"儿童青少年体育发展的共生合力，建立起家庭、学校和社区三位一体的儿童青少年体育活动联动机制。

常体育（生活 + 体育）

全民运动，构建体育生活常态

在国家全民健身战略布局下，体育向全社会传递着源源不断的正能量，蕴涵着阳光健康、乐观进取的体育文化。正如钟南山院士所言，体育运动应该像吃饭睡觉那样，成为生活中必需的一个成分。因此，从个体到社会、从身体到心灵，体育应当回归本质并成为生活常态，让全民体育、全民健康的生活观成为共识。《行动方案》将着力于实现“活力家庭”“活力校园”“活力社区”建设的美好愿景，落实“健康中国行动”中预防、治疗、康复、健康促进一体化服务的目标承诺，形成初具规模的体育健康促进支持环境，为构建体育生活常态化创造条件。

智体育（科技 + 体育）

体科“联姻”，助力未来体育新发展

在科技高度发达的今天，我们的日常生活已经与科技紧密相融，作为生活重要部分之一的体育也不例外。体育融合科技，智慧赋能未来正在成为新趋势。体育运动和科学技术的深度融合，将有力推动体育创新，实现新科技时代下体育的数据化、专业化和信息化，对我国的体育与健康发展产生深远影响。《行动方案》将推出建立动态持续的运动智能监控体系的实施步骤和建设方案，初步构建多部门、多主体共同参与的儿童青少年体育健康促进信息化、智能化服务管理平台，实现基于数据跟踪的个性化身体活动干预，为政府制定行动计划提供决策依据和行动参考，加快推进我国体育与健康服务信息化进程。

6
24

PART 3

行动指南

《行动方案》以服务“健康中国”战略和“体育强国”建设为导向，坚持“健康第一”的教育理念，以培养德智体美劳全面发展的社会主义建设者和接班人为目标，遵循儿童青少年身心发展规律，从儿童青少年所处的全生态环境着手，凝聚学校、家庭、社区三大主体力量，辐射课内、课外、校内、校外四大领域范围，形成课堂、校园、家庭、社区、生活以及社会各界的一体化机制，推动儿童青少年体育健康促进的全时空覆盖，从而为我国儿童青少年的健康成长提供全方位的精准服务，实现习近平总书记对儿童青少年“文明其精神，野蛮其体魄”的殷切期望。

行动 1

实施优质的体育与健康课程

行动指南 行动 1 实施优质的体育与健康课程

设计思路

坚持“立德树人”的根本任务，树立“健康第一”的教育理念，注重体教融合，紧扣体育与健康学科核心素养，深化学校体育与健康课程改革创新。依据《课程标准》和“中国健康体育课程模式”的基本要求，采用趣味性、多学科融合的教学内容和多样化、结构化的教学手段，改善“无运动量、无战术、无比赛”的“三无”体育与健康课，让所有学生在活跃的教学氛围中提高运动能力、发展体能、锻炼意志。同时，加快推动文化学习与体育锻炼的协调发展，实现以体育人，开创德智体美劳“五育”并举新局面。

关键要素

运动负荷	学生每节课的运动密度达到75%以上，运动强度达到心率140－160次／分钟。
体能练习	每节体育与健康课均进行10分钟左右多样化和趣味性的体能练习；注重“补偿性”体能练习。
运动技能	通过设置游戏或比赛情景进行结构化的运动知识和技能学习；每节课学生运动技能练习的时间应该保证在20分钟左右。
学科融合	通过有机融入其他学科知识内容促进学生体育学习与文化课学习一体化；每节课至少融入一门学科的基础知识。

评估要点

评估内容	评估指标
运动负荷	· 每节课学生的运动密度至少达到75%。 · 每节课学生的平均运动心率为140-160次/分。
体能练习	· 每节课学生体能练习时长为10分钟左右。 · 每节课至少进行4种不同方式的体能练习。 · 每节课须包含“补偿性”体能练习。
运动技能	· 每节课学生运动技能练习20分钟左右。 · 每节课含有比赛活动情境的创设。 · 注重知识技能结构化教学，摒弃单一的知识技能教学。 · 合理运用所学知识和技能解决复杂、真实运动情境和生活实践中的问题。
学科融合	· 每节课至少融入一门其他学科的基础知识。 · 避免单一的知识与运动的拼接。

实施建议

· 深刻领会《课程标准》和“中国健康体育课程模式”的相关要求，明晰优质体育与健康课程的设计思路和关键要素。

· 教师结合自身教学水平和学生的学习能力，适当地降低或提高教学难度，选择单一或组合主题内容，创造性地运用KDL体育与健康课程内容进行教学。

· 可以参考《KDL体育与健康课程》的评价案例，也可以运用《课程标准》中的学业质量合格标准对学生的体育学习进行评价与反馈，提高体育与健康课程评价的科学性。

实施案例

KDL 体育与健康课程
贯穿于幼、小、中、大一体化的系列课程

课程理念

《KDL 体育与健康课程》是在《3-6 岁儿童学习与发展指南》与《课程标准》的主要精神和"中国健康体育课程模式"的指导下，依据儿童青少年基本运动技能和专项运动技能学习与发展规律及其身心发展特点，秉承"Know it，Do it，Love it（知之，行之，乐之）"的理念，打造的优质体育与健康课程，其宗旨是将儿童青少年培养成为"懂（运动）文化""有（运动）能力""怀（运动）热情"的人。

课程内容

目前包含《KDL 幼儿运动游戏课程》（小班、中班、大班，共 3 本）和《KDL 体育与健康课程》（水平一、二、三，共 3 本），初中与高中学段的《KDL 体育与健康课程》正在开发中。每个学段的 KDL 课程均由适应不同发展水平学生的若干个基本动作技能或专项运动技能教学主题组成，各主题之间呈平行关系，且主题间的教学顺序可以按需调整。每个水平均融入健康教育知识，渗透"亲子嘉年华"等家校（园）联动活动，注重学生的安全与营养、个人与团体运动等内容。

课程实施

《KDL 体育与健康课程》从学生兴趣出发，以运动项目为载体，创设具有故事性、应用性的情境，重视知识和技能的结构化教学；教师可基于不同教学主题自由选择内容进行组合，运用灵活多变的教学方法，鼓励学生自主、合作、探究学习，将所学内容应用到实践当中。此外，该课程提供了系统的信息化教学资源，帮助新手体育教师更好地理解和落实《课程标准》，启发有一定经验的体育教师拓展教学思路，促进专家型体育教师融合各个主题相关内容，创造更多经典教学案例。

课程特色

第一，依据人类动作技能发展金字塔模型理论，强调学生运动技能的习得从学习基本动作技能逐渐过渡到专项动作技能；第二，课程强调融合多学科知识、体脑双侧协调的活动内容，充分发挥体育与健康课程的多重育人价值；第三，重视在兴趣化、结构化的活动情境中进行科学、多元的合理评价，激发学生参与体育活动的主动性、积极性与创造性；第四，采用"菜单式"组合教学，教师可以在不同主题的活动内容中选取能够达成同一学习目标的相关内容。

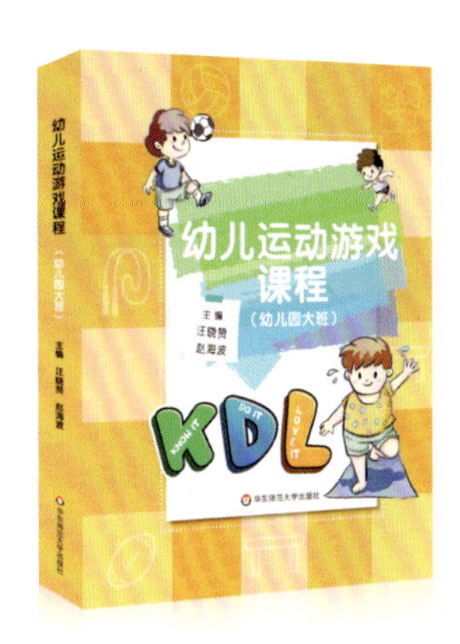
幼儿运动游戏
课程
（幼儿园大班）
KDL

幼儿运动游戏
课程
（幼儿园中班）
KDL

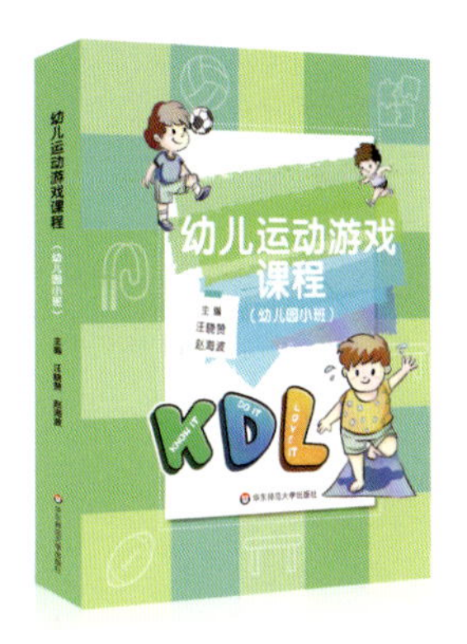
幼儿运动游戏
课程
（幼儿园小班）
KDL

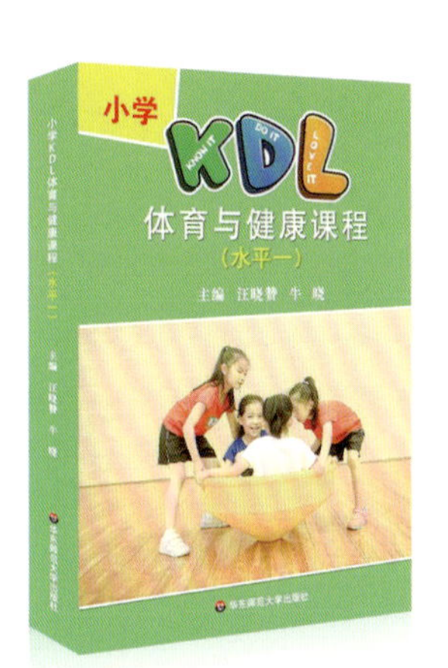
小学
KDL
体育与健康课程
（水平一）

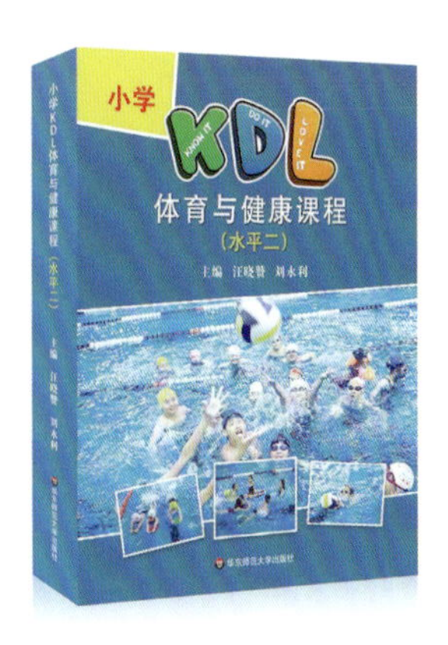
小学
KDL
体育与健康课程
（水平二）

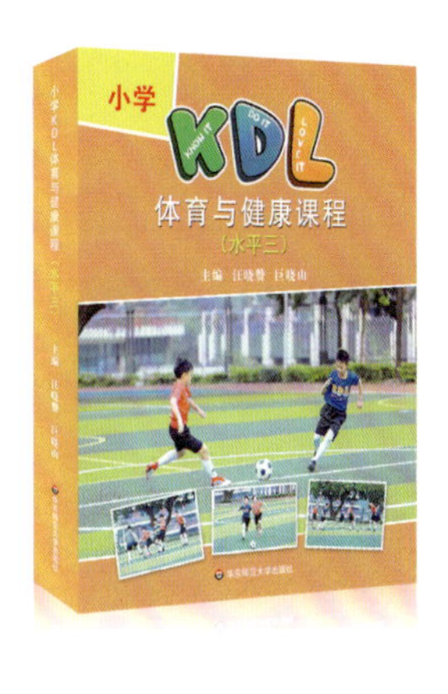
小学
KDL
体育与健康课程
（水平三）

行动2

营造浓郁的“活力校园”氛围

行动指南 行动2 营造浓郁的“活力校园”氛围

设计思路

基于全面育人的时代召唤，以融合性教育思想为指导，围绕“活力师生”“活力课堂”“活力课间”“活力环境”四大关键要素设计课内与课外相衔接、体育环境与校园文化相融合的“活力校园”行动。通过营造全时段覆盖、全员参与的校内体育活动支持环境，保障学生校内每天至少60分钟的中高强度身体活动，培养和发展学生的健康思维，切实将体育活动根植于学生的日常学习和生活中。

关键要素

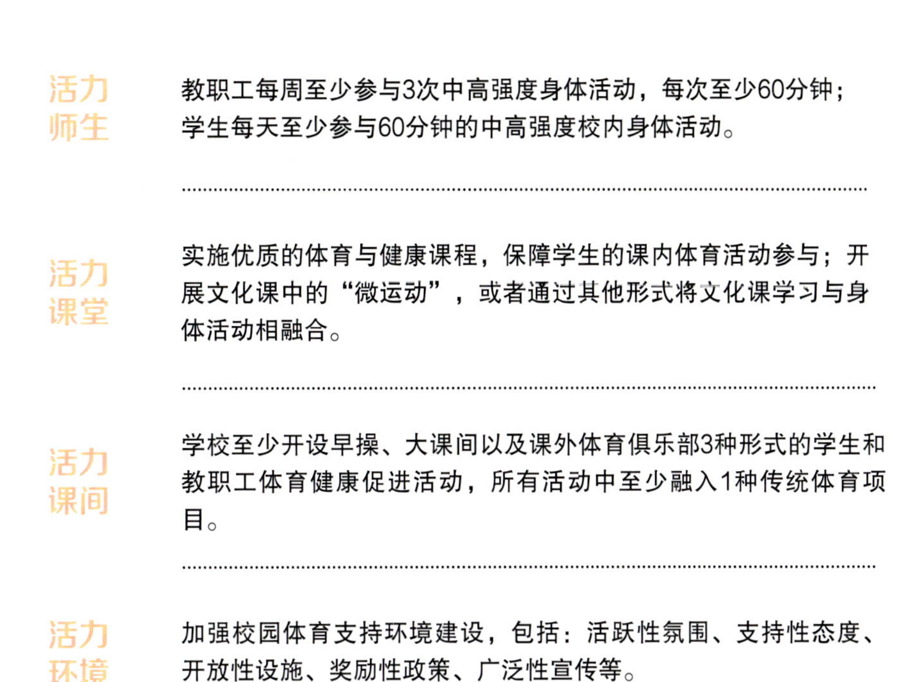

活力师生

教职工每周至少参与3次中高强度身体活动，每次至少60分钟；学生每天至少参与60分钟的中高强度校内身体活动。

活力课堂

实施优质的体育与健康课程，保障学生的课内体育活动参与；开展文化课中的“微运动”，或者通过其他形式将文化课学习与身体活动相融合。

活力课间

学校至少开设早操、大课间以及课外体育俱乐部3种形式的学生和教职工体育健康促进活动，所有活动中至少融入1种传统体育项目。

活力环境

加强校园体育支持环境建设，包括：活跃性氛围、支持性态度、开放性设施、奖励性政策、广泛性宣传等。

评估要点

评估内容	评估指标
活力师生	· 教职工每周累计参与不少于180分钟中高强度身体活动。 · 每周至少开展一次有组织的教职工体育健康促进活动。 · 学生每天校内参与不少于60分钟的中高强度身体活动。
活力课堂	· 开齐开足上好体育与健康课，并保证高质量的体育与健康教学。 · 每班每天至少开展2次文化课堂中的微运动。
活力课间	· 师生共同参与每天30分钟的大课间活动。 · 体育活动形式不少于3种，包含大课间、早操期间的体育活动、课余体育锻炼等，且至少融入1种传统体育项目。
活力环境	· 学校体育师资、场地配备符合国家规定标准和要求。 · 利用校园展板、校园网站、微信平台等形式进行体育与健康信息的宣传。 · 不以任何理由减少学生身体活动的机会和时间。 · 80%以上的学生与教师参与学校体育俱乐部、体育社团、体育兴趣小组等校内体育组织。 · 每学期至少开展3类与活力校园相关的体育文化活动。 · 建立至少1项全校性体育锻炼激励政策。

实施建议

· 学校层面依据学校发展方向形成一个共同愿景，通过自上而下的统一行动，激发师生体育参与的热情和活力，并及时根据情况适度调整。

· 提倡个体活动与集体活动相结合、学生与教师共同参与、传统体育活动与新兴运动项目相融合，采用学生自主设计与教师主导组织的多种活动形式。

· “活力校园”实施可以与科学的“赛事挑战”奖励计划（行动4）和动态持续的“智能监控体系”（行动5）相结合，提高师生参与的积极性。

实施
案例

文化课中的“微运动”

文化课与体育运动相渗透
提高学生文化课学习效果

在文化课学习过程中，进行约 3-5 分钟的身体活动练习不仅能够有效提高学生注意力水平，还能提高其文化课学习效果。文化课中的“微运动”可以围绕力量、灵敏、平衡等体能项目进行创编，也可以是对某项运动项目动作的改编。同时，还可以将不同学科知识、中华优秀传统体育文化及生活健康常识等与“微运动”相融合，根据实际情况，进行不同内容形式和运动强度的身体活动。

实施案例

特色大课间体育活动

传承与创新并举
助推学校体育特色项目建设

利用上、下午大课间活动时间，结合传统体育特色项目和新兴体育运动项目，积极开展形式多样、内容丰富的课间体育活动，打造学校特色体育大课间。

趣味课外体育活动

拓展学生运动时空
为学生创造充足的体育活动机会

充分利用课余时间，以俱乐部、社团活动、兴趣班、挑战赛、主题活动等形式，为学生创造形式多样的体育活动机会，提高运动场地设施开放程度，让更多学生的运动需求得到满足。

实施案例

教职工健康促进

扩大运动人群
发挥学校教职工体育活动参与的模范作用

学校制定并实施“教职工体育健康促进方案”，鼓励教职工积极参与各类身体活动，发挥教职工参与体育活动的示范带动作用，引领和激励更多的学生积极参与身体活动，形成全员参与机制。

爱动计划

鼓励日常的身体活动行为
限制连续久坐和电子屏幕使用时间

鼓励学生尽可能采用步行或者骑自行车的方式上下学；提倡不乘电梯，多走楼梯；在长时间会议中组织简单、短时的身体活动；屏幕使用时间每天累计不宜超过 60 分钟；强调在生活中的各种情境下动起来，避免久坐行为。

行动3

创设完整的“家庭－学校－社区”多元联动机制

行动指南

行动3 创设完整的“家庭－学校－社区”多元联动机制

设计思路

以“健康中国”战略为引领，以倡导生活化体育为抓手，从儿童青少年所处的全生态环境着手，充分发挥学校、家庭、社区的“助推器”作用，协同政策、制度与各方优质资源，建立以学校为中心的多元联动共同体，为儿童青少年营造良好的身体活动支持环境，确保其每天至少60分钟的校外身体活动，培育其积极的运动习惯和健康的生活方式，并以此带动全社会的体育健康促进活动。

关键要素

学校主导　以学校为主导，联合家庭、社区及其他校外组织，通过共同开展各类体育活动，构建儿童青少年体育健康促进共同体。

家庭参与　家长从意识态度和行为表率方面营造良好的家庭体育运动氛围。同时，积极协助学校和社区，参与或组织开展儿童青少年体育健康促进活动。

社区支持　社区通过改善运动环境、组织体育活动、成立体育组织等途径，满足儿童青少年参与校外体育的需求；另外，社区通过资源整合和开发，协助和支持学校、家庭开展各类体育活动。

评估要点

评估内容	评估指标
学校主导	· 成立以学校为主导的家校社体育联动工作委员会。 · 设置多元联动体育健康促进活动的专项经费。 · 学校每学年至少举办2次联合家庭和社区共同参与的大型体育健康促进活动。 · 建立学校、家庭和社区体育联动工作沟通平台或组织。 · 体育教师定期参与社区体育活动指导。
家庭参与	· 家长每学年组织或参与学校体育活动不少于3次。 · 家长每学年陪伴孩子参与社区组织的体育活动不少于3次。 · 家庭主动了解体育与健康相关知识，督促和指导孩子积极进行体育锻炼。
社区支持	· 设立体育健康促进多元联动社区工作小组。 · 社区给予体育活动专项经费支持。 · 加强楼宇、街道、体育运动场馆等基础设施建设，营造体育健康促进环境。 · 社区与学校和家长每学期至少联合组织1次体育活动（社区主导）。

实施建议

- 积极整合各种社会体育组织的资源和力量，利用线上与线下相结合的活动组织形式，帮助学生、家长和社区工作人员，增强体育锻炼意识，学习体育与健康知识和技能，提高运动能力。

- 发挥班主任在家庭、学校、社区之间沟通的纽带作用，合理配置不同环境中的人力、物力和财力资源。

- 注重成功模式的推广与宣传，营造良好的健康促进氛围，从而获取更广泛的社会资源和力量注入到联动行动中。

- 社区可借鉴“赛事挑战”奖励计划（见行动4），在小区内设置“运动参与奖励计划”。

实施案例

体育家长学校

成立长期参与学校体育工作的家长委员会，建立资源共享平台

成立“体育家长学校”，邀请家长参与学校体育健康促进活动的目标制定、内容选择、效果评价等，同时组织家长以志愿者、义工等身份，参与到学校各类大型体育活动的组织与管理之中。

体育亲子活动

开展“小手牵大手”活动，共创和谐的亲子关系

学校或社区定期开展体育亲子嘉年华活动，开展时间以周末为宜，也可以在寒暑假及其他节假日进行，每次活动以90-120分钟为宜。可以邀请家长、社区成员、相关机关单位工作人员、教育机构人员共同参与。

活力家庭

创设良好的家庭体育活动支持环境，促使体育活动进万家

鼓励家长在指导与配合孩子完成体育家庭作业的同时，掌握运动技能和知识，制定合理的家庭体育锻炼计划，积极开展家庭体育微运动等日常体育活动，使家庭体育锻炼常态化、科学化。

活力社区

建立社区体育空间站，助力“体育生活化”

以社区为主导，依托地方教（体）育局、妇联、关工委、团委、高校、体育社会组织等社会资源，建设“儿童青少年社区运动空间”，开展“体育健康进社区”“社区体育健康大讲堂”等体育健康促进活动，吸引家庭参与，培养全社会成员主动健康的生活理念。

行动4

推行科学的“赛事挑战”奖励计划

行动指南 行动4 推行科学的“赛事挑战”奖励计划

设计思路

基于“建立群众性竞赛活动体系和激励机制，探索多元主体办赛机制”的政策支持，以目标引领和任务激励为导向，强调多学科知识与体育赛事活动的融合，构建科学化、多样化、系统化、智力化的儿童青少年体育挑战活动，丰富与创新儿童青少年参与体育比赛的科学内涵与育人价值。采用增长性、过程性、相对性等多元评价方式，设立“健康冠军”“健康精英”“健康达人”“健康能手”等赛事奖励项目，强化儿童青少年体育参与的动机与兴趣，真正做到人人有比赛、人人能挑战，以全面落实“完善儿童青少年体育赛事体系”的基本要求，让儿童青少年通过体育锻炼享受乐趣、增强体质、健全人格、锤炼意志。

关键要素

融合性理念

体育赛事活动中融合多学科领域的知识与技术，打造家庭、学校、社区可共同投入与实践的新型体育赛事活动体系和激励机制。

多重性目标

尊重不同学生的运动需求，设置适用于不同运动能力、不同学科知识等的多重目标，利用奖励的导向作用，让所有学生都有机会参与到不同的挑战中。

适宜性挑战

注重项目设置的适宜性、趣味性和多样性，发挥挑战的激励作用，促使儿童青少年不断突破自我与持续发展，并获得成功体验。

即时性反馈

通过主观与客观两种形式的观察与记录，进行即时、准确的量化反馈， 帮助学生及时了解自身表现和目标达成程度。

评估要点

评估内容	评估指标
学科的融合性	·在比赛内容设计、组织与开展的过程中融合其他学科的相关知识。 ·注重凸显不同运动项目的科学内涵和育人价值。
项目的多样性	·比赛项目内容设计需要兼顾多种参与主体的不同需求。 ·比赛项目设计包含运动能力、健康行为、体育品德等多维度的内容。 ·不同比赛项目的难度具有进阶性，兼顾适宜性和挑战性。
评价的科学性	·比赛项目的评价标准符合儿童青少年身心发展特点。 ·采用过程性评价与结果性评价相结合、相对性评价与绝对性评价相结合的多元评价方式。 ·评价主体多元，教师、学生、家长等都可参与评价。 ·可以通过主观记录、设备监测等多种途径准确、科学地及时反馈。
奖励的有效性	·学生不同学期的体育活动参与度有所提高或维持在较高水平。 ·学生不同学期的体质健康测试成绩有所提高或维持在较高水平。 ·学生不同学期的体育学习兴趣有所提高或维持在较高水平。

实施建议

- “赛事挑战”奖励计划方案设计应详细明确，积分合理，项目内容设置应适宜家长和师生参与，且具备挑战性、科学性、多样性和融合性。
- 加大赛事活动的宣传力度，确保每一位师生及家长知晓，并鼓励其积极参与其中。
- 不断补充与丰富项目内容，可根据本校需求将内容延伸到与健康相关的其他学科知识中。
- “赛事挑战”奖励计划的实施可与行动2营造浓郁“活力校园”氛围、行动3创设完整的“家庭-学校-社区”多元联动机制相结合。
- 赛事挑战的范围不局限于校内，也可在家庭、社区或者校际、地区开展，形成校级、地区级、省（市）级儿童青少年体育赛事挑战体系。

实施案例

“趣味体能”挑战赛

激发学生体能练习积极性与持续性

/ 比赛项目 / 将学科文化知识与体能练习（如：耐力、柔韧等）相融合，设置集科学性、趣味性与益智性于一体的科学体能挑战赛。

/ 参与办法 / 学校可根据实际情况，组织年级间或全校间挑战比赛，或教师也可在本班范围内进行小型挑战赛。体能项目可选择国家学生体质健康测试项目进行，或是自行设置其他项目。在具体的内容、形式或环境设计上，可以适当融合其他文化课的特色，增加比赛的趣味性与益智性。学生完成某个项目测试之后，经过至少一周的努力锻炼方可重新提出挑战比赛。教师记录每次比赛的表现情况，并及时将结果和评价反馈给学生。

/ 项目周期 / 建议至少连续六周，具体可根据实际情况自行设置。

/ 奖励办法 / “中期奖励”“终期奖励”以积分形式给予相应奖励。其中以最高奖项的积分为奖励标准，记录到“健康冠军挑战赛”的积分中。

“活力家庭”挑战赛

促进家庭成员科学锻炼习惯的养成

/ 比赛项目 / 制定家庭体育锻炼计划，并持续挑战。

/ 参与办法 / 家长与学生共同制定家庭体育锻炼计划，并自行完成家庭体育活动参与情况表，记录每次家庭体育活动的运动内容、运动持续时间、运动体验、收获与感悟等（教师可提供体育锻炼计划以及活动情况记录表的模板）。教师以周为单位对家庭体育活动参与情况进行监控和记录。整个项目结束前，家长与孩子一起制作家庭体育锻炼活动海报或PPT等进行展示评比。

/ 项目周期 / 建议至少连续六周，具体周期可由教师进行设定。

/ 奖励办法 / 对家庭体育锻炼计划、家庭体育活动参与情况、家庭体育锻炼活动海报、视频等进行评分，并给予积分奖励。

实施案例

“健康冠军”挑战赛

以综合比赛为载体，提升学生运动参与效果

/ 比赛项目 / “健康冠军”挑战赛是“趣味体能”挑战赛的升级，鼓励全体学生在课外时间积极、自主地参与体育活动，争取获得每个挑战的最高积分，从而获得更好的积分排名。

/ 参与办法 / 基于“趣味体能”挑战赛和“活力家庭”挑战赛获得的累计积分总排名前40%的学生，可以进入“健康冠军”挑战赛。该项目持续4周，每周仍然有1次挑战刷新成绩的机会。其余60%的学生不再拥有“趣味体能”挑战赛测试机会，但仍可以通过“活力家庭”挑战赛获得积分，并参与最终的“健康冠军”挑战赛总排名。

/ 奖励办法 / 最后用总积分来评定获奖等级，分为“健康冠军”挑战项目金牌、银牌和铜牌，还可设立最佳进步奖、积极个人奖、最美锻炼日志等奖项。颁奖仪式可在科学运动会上进行。

实施案例

科学运动会

以"体教融合"为出发点 挖掘体育运动新内涵

/ 比赛项目 / 以"运动益智"为基本理念，深入挖掘体育运动的科学内涵及育人价值，举行一年一度的全校型"科学运动会"，深化体教融合，在培育儿童青少年体育与健康学科核心素养的同时，推动文化学习与体育锻炼的协调发展。

/ 参与办法 / 在比赛内容的选择、组织形式的设计、场地器材的使用、评价记录的方式等方面，将常规的学校运动会与"人文素养""文化知识""科学精神""智力发展""思维创新""社会适应""品格完善"等功能内涵相融合。让学生在掌握运动技能的同时，思考并领会体育运动的科学内涵及育人价值。同时，在运动情境中运用其他学科知识，培养学生解决生活中实际问题的能力。

/ 项目周期 / 基于项目设置可自行安排，一学年至少1次。

/ 奖励办法 / 学校自主制定奖励原则，个人与班级都可累计积分，并在最终的积分中进行总分排名。在颁奖仪式上邀请学校领导、学生家长、班主任、文化课教师和体育教师等共同出席参加，颁发证书与奖品。

智慧体育课堂教学指导系统
实时监测大屏 — 图表概览
08:30:43 2020年06月23日
示范学校 测试B班（50）
shape003
球类/足球/足球其他
2020-06-23 08:10 ~08:50
班级平均运动心率曲线
心率（次/分钟）
班级平均运动密度曲线
时间百分比
166

行动5

建立动态持续的运动智能监控体系

行动指南 行动 5 建立动态持续的运动智能监控体系

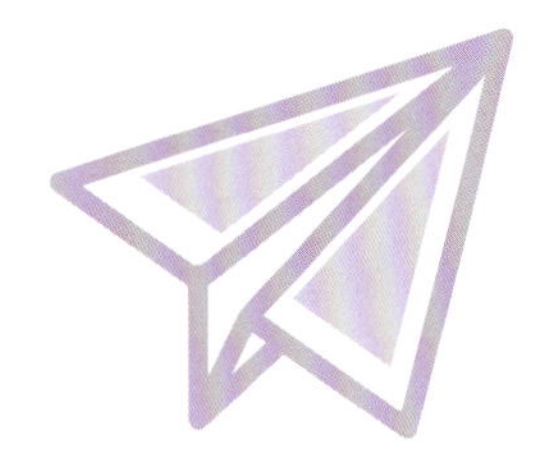

设计思路

通过大数据、云计算、AI 等新兴信息技术和学校体育深度融合，采用可穿戴设备、智能化体育器材、多维智能运动学习空间等，从课内与课外、校内与校外、线上与线下对儿童青少年的身体活动、久坐行为、运动负荷、体质健康等数据进行全时空、全方位、全周期的动态采集和管理，构建自动化监控、横向分析与纵向实时追踪一体化监测管理平台，并为儿童青少年体育健康促进提供个性化的指导反馈与运动处方建议等。最终形成集课堂教学、学业质量考核、体育考试、锻炼健身、运动监控、健康管理、社交生活于一体的儿童青少年运动智能监控体系，解决个性化体育健康技术的难点，落实全面健康的新理念，开创个体主动健康的新模式。

关键要素

监控指标 重点关注课堂教学指标、体育考试指标、健康生活指标、主动健康指标四个方面。

监控范围 包含时间范围与空间范围两个方面，强调学生校内外全天候的实时管理、持续化监测与反馈。

监控手段 注重智能化监控工具与监控方式的有机融合。智能化工具应具备持续性、自动化的特性，智能化的管理方式强调由上而下。

信息反馈 重点关注反馈的时效性、反馈内容的科学性与针对性、反馈方式的多样性，同时确保反馈对象的全面性，实现科学反馈。

评估要点

评估内容	评估指标
管理指标	· 课堂教学指标：体育与健康课堂中学生运动的密度、强度、时间等指标。 · 体育考试指标：学业质量考核指标、体质健康水平、运动技能成绩等。 · 健康生活指标：身体活动水平、久坐行为、身体形态、视力水平、睡眠情况、心率变化、生活质量指数等。 · 主动健康指标：参与体育运动的动机、态度、意愿，以及维持健康能力和社会适应能力等。
管理范围	· 时间范围：全天候。 · 空间范围：校内、校外、课内、课外。
管理手段	· 管理平台：持续、自动化的大数据平台。 · 主观评价工具，如：问卷、量表；客观评价工具，如：可穿戴运动智能监测设备。 · 网络化共享手段：包含数据平台网络与行政管理网络两方面，由当地教育行政部门牵头推动，形成家庭、学校、社区、政府数据共享网络，从而共同管理。
信息反馈	· 反馈时效性：实时将数据信息反馈给学生、教师、家长及其他相应群体。 · 反馈主体多元化：含学生、教师、家长、学校领导、区域体育教研员、教育、体育部门各级管理者及工作者等。 · 反馈内容专业性：从运动频率、运动时长、运动负荷与运动技能水平等方面提出针对性的反馈内容。 · 反馈持续性：利用信息化工具和大数据平台，持续追踪了解相应群体的最新动态，并及时优化反馈意见。

实施建议

- 大数据管理需以软、硬件设备为基础，共通共融至各个行动中，将智能监测、跟踪、反馈、指导作用最大化。

- 针对个人、家庭、学校等追踪数据的横向与纵向比较，可与教育决策部门以及科研单位一同进行数据分析与解读。

- 将儿童青少年大数据管理系统的反馈结果应用于体育活动指导和体育与健康课程教学设计中，提升儿童青少年体育学习的科学性，提高其日常身体活动水平。

- 对于农村偏远地区等难以全面开展此部分的部门或单位，可以联合当地教育局选取部分学校进行试点实施，由点及面逐步展开。

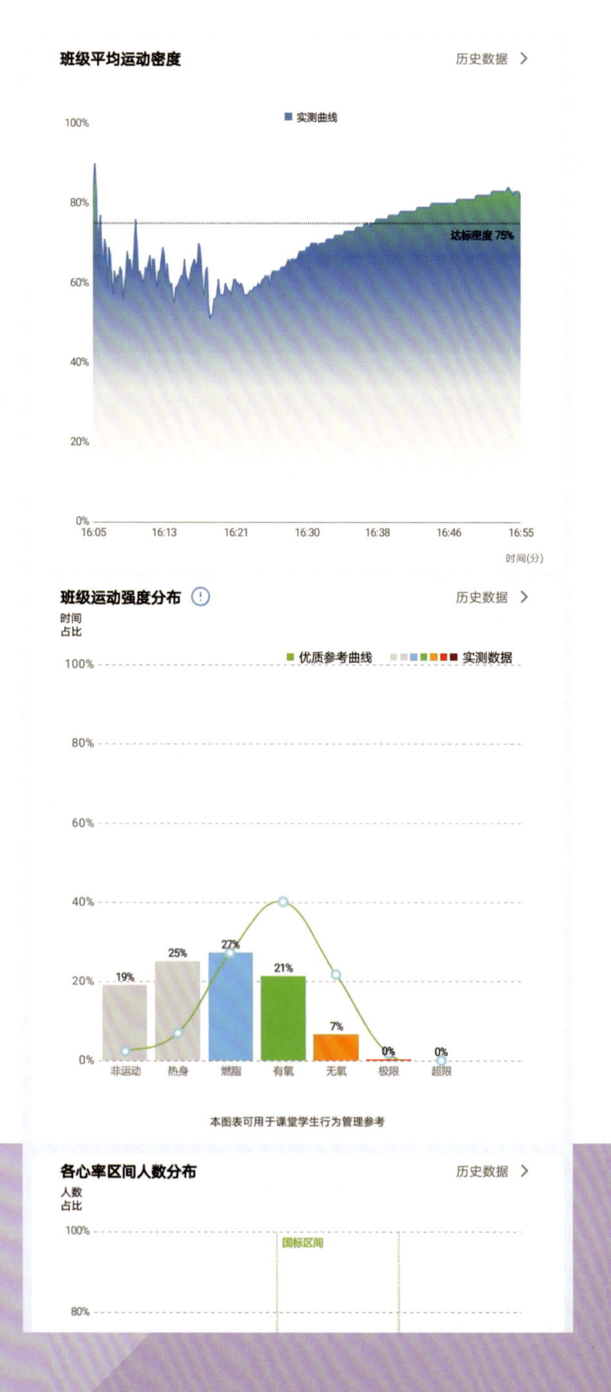

实施案例

数字化教学

改善体育与健康课堂教学效果

通过各种途径，在体育与健康课堂中渗透数字化元素。课堂内容实施方面，根据学校自身实际情况，酌情采用多媒体设备和数字化器材。如：运用现代新媒体技术开展线上与线下相结合的空中课堂教学模式，丰富体育与健康课堂教学资源和结构；足球教学中可使用感应式球门、智能轨迹足球、智能球员定位器等。课堂场地建设方面，采用智能高速运动记录仪、中央大屏幕、新材料运动场地等；运动监控方面，可以考虑运用智能运动手环、心率带等可穿戴设备，在体育与健康课堂中实时监控学生的运动负荷与运动密度，实现教学过程中学生的运动心率、运动密度可视化，辅助教师及时掌握课堂运动负荷与运动密度情况。体育教师可以依据学生的体能水平、运动技能、身体活动等数据，创新体育教学思路与手段、调整授课内容或教学方法，优化教学策略，保证体育与健康课堂教学科学性与安全性的同时，促进体育与健康课堂教学效果的提升。

动态化监控

提高学生体育运动参与自主性

采用可穿戴运动设备，实时收集不同时段（如：早操、大课间、课外体育活动等）学生身体活动强度和运动密度，自动生成学生每日身体活动报告，呈现学生身体活动最新动态，及时预警学生身体活动过程中的异常问题。同时，也可根据其数据结果组织课外、校外体育竞赛，评选“健康锻炼小达人”。帮助体育教师、班主任、家长对学生课外体育锻炼实时监控和管理，激发学生运动兴趣，增强学生课外体育锻炼的积极性和自主性。

实施
案例

个性化指导

建立防治结合的运动干预新模式

基于大、中、小型监控设备和平台所得数据，采用大时间尺度下运动行为大数据运算处理，记录并生成儿童青少年体育学习和健康成长档案，及时发现体育健康促进的共性和个性问题。运用数据挖掘以及人工智能技术，结合追踪所得的体质健康成绩、日常身体活动量、日常久坐时间、运动负荷、体育锻炼时间等数据，借助提升各项指标的处方模型，为儿童青少年制定个性化的运动处方，并跟踪、监控与反馈运动处方的实施效果，提升锻炼效果，逐步形成防治结合的运动干预新模式。

智能化反馈

提升行政部门决策科学性

基于校内外学生身体活动、体育锻炼数据，形成儿童青少年健康管理报告，精准发现儿童青少年存在的健康问题并作出科学反馈。同时，随附问题的优化解决路径，从而为各级健康促进决策部门提供数据支撑及决策建议。

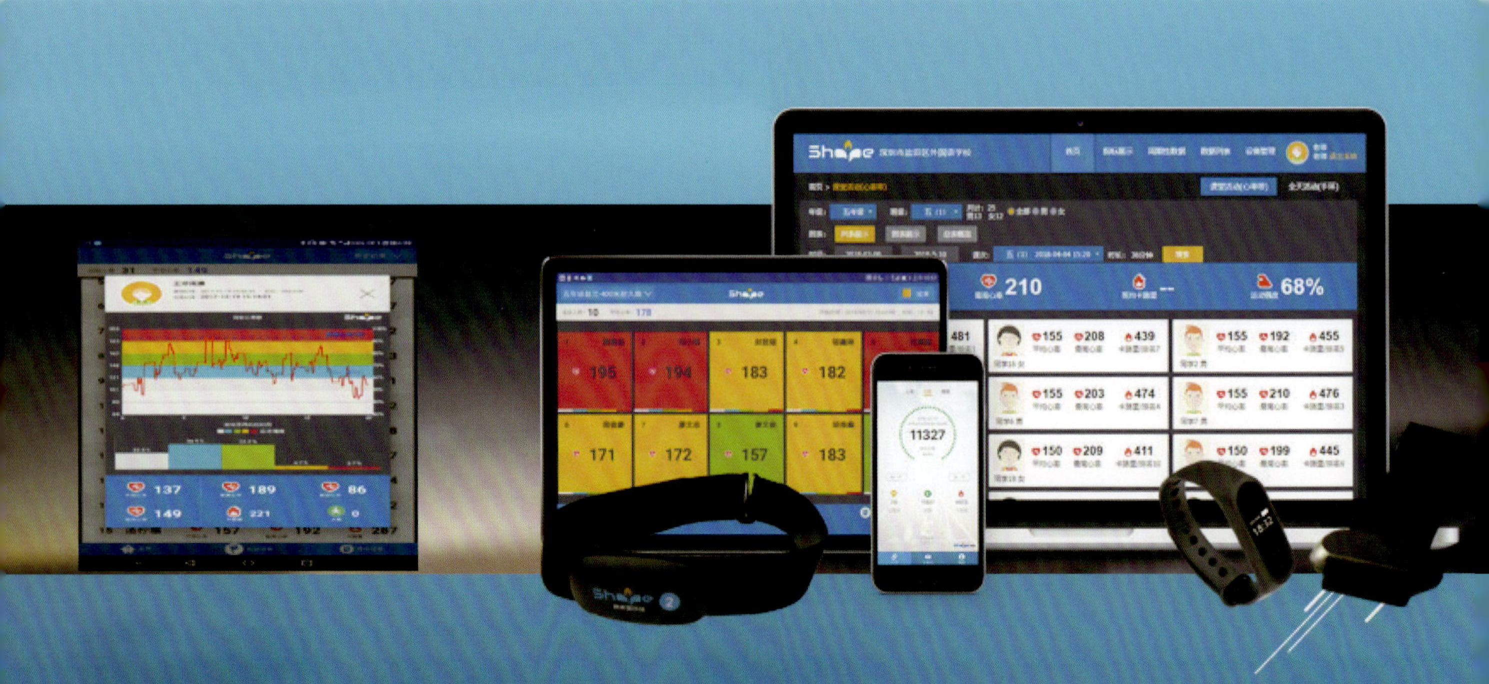

行动评估

一级指标	二级指标	三级指标
普及性（R）	学生参与的数量和比例	人口统计学特征、体育参与情况、体育活动组织情况
	教师参与的数量和比例	
	家长参与的数量和比例	
有效性(E)	学生运动能力	体能、基本运动技能、运动认知、体育展示与比赛
	学生健康行为	体育锻炼意识、身体活动参与、健康知识掌握与运用、情绪调控、环境适应
	学生体育品德	体育品格、体育精神与体育道德
	学生满意度	对实施效果、认知程度、执行难易度、干预科学度等的评价
	家长满意度	
	教师满意度	
	社区满意度	
	学校体育活动氛围	活动开展器材多样性、周边环境运动元素融合度、体育活动支出占比以及活动频率、时间、参与度等
	家庭体育活动氛围	
	社区体育活动氛围	
应用性(A)	被学校采纳的数量和比例	以片区学校为主
	被教师采纳的数量和比例	以某个学校为单位
	被家庭采纳的数量和比例	以个体家庭为单位
	被社区采纳的数量和比例	以最小行政片区为单位
	被部门采纳的数量和比例	以县（区）级行政区域为单位

续表

一级指标	二级指标	三级指标
可操作性(I)	学校对行动各要素的保障度	实施行动的师资队伍建设
		行动实施的制度、资金保障
		学校体育场馆设施及器材达标情况
		方案内容实施的完整度
		方案宣传工作的开展
	教师对行动各要素的支持度	应用行动的每一项内容
		对行动的每项内容操作准确
		执行行动的主动意愿和持续动力
	家长对行动各要素的保证度	执行行动的每一条内容
		对行动的每项内容操作准确
		执行行动的主动意愿和持续动力
	学生对行动各要素的执行度	执行行动的每一条内容
		对行动的每项内容操作准确
		执行行动的主动意愿和持续动力
持续性(M)	行动研究结束后对学生的持续影响	学生运动能力
		学生健康行为
		学生体育品德
		学生心理健康水平与学业成绩
	学校继续采用该方案的情况	学生体质健康达标率和升学率
	教师继续采用该方案的情况	学生体质健康达标率和升学率
	家长继续采用该方案的情况	家长监护人的满意度
	社区继续采用该方案的情况	社区居民的满意度

*资料来源:改编自RE-AIM评估框架(具体评估标准可根据实际情况进行调整)

参与群体及其职责

儿童青少年体育健康促进行动方案的实施，需要学校领导、教师、家长、学生及其他群体的多方协作，共同参与。本部分内容主要依据营造运动氛围、创造运动机会、保障运动条件以及群体相互配合四个方面，针对不同群体提出了相应的职责建议，帮助各参与群体明晰责任，确保行动有效落实，共同致力于促进儿童青少年的健康成长。

学校领导

· 负责成立体育健康促进领导小组，并制定学校实施方案；

· 设立体育健康促进专项资金，做好体育活动资金保障工作；

· 积极引进优质的体育与健康课程、活动器材与教学设备；

· 鼓励教职工定期开展并参与多样化的体育比赛与活动；

· 拓宽校外体育资源，与其他部门、组织开展深入合作；

· 注重学校与社区、学生家长的沟通与联系，做好学校体育健康促进监督工作；

……

学校教师

· 体育教师：充分发挥主力军作用，认真落实学校体育健康促进方案，组织并协调师生共同参与各项体育活动；创新开展体育与健康课堂教学、大课间体育、文化课中的“微运动”、课外体育锻炼等活动；制定学校体育健康促进行动计划，鼓励并监督学生的日常锻炼行为和身体活动；积极参与各级各类体育科研活动，提升基础科研素养；树立良好的体育参与榜样作用。

· 班主任教师：及时与体育老师积极沟通学生身心健康发展水平及其优化策略；与家长保持密切联系，及时向家长沟通反馈学生身心健康状况；不定期组织并鼓励学生参与各项体育活动；邀请家长定期参与班级各种体育活动；积极参与学校组织的各项教职工体育活动。

· 文化课教师：配合学校积极开展课堂中的“微运动”、布置融合体育健康促进内容的家庭作业等；积极参与校内教师体育健康促进活动。

……

家长

- 及时了解子女身心健康状况，营造积极健康的家庭体育运动环境；
- 为孩子体质健康的改善和身体活动水平的提高寻找科学的锻炼方法，增加亲子体育活动时间；
- 积极参与各项体育健康促进活动，为活动开展献计献策，担当学校、社区体育活动志愿者，并带领孩子踊跃参加社区或学校的各项体育活动；
- 以身示范，减少屏幕使用和久坐时间，鼓励并监督子女养成健康积极的生活方式；

……

学生

- 了解并关注自己的身心健康水平，与家长、老师一起制定科学的锻炼目标与计划；
- 积极主动参与校内外体育活动，认真上好体育与健康课，课后主动参与自我挑战奖励计划；
- 拒绝日常久坐行为，减少屏幕使用时间，积极参与身体活动；
- 积极参与社区体育活动，主动完成课外体育家庭作业；
- 至少熟练掌握 1-2 项运动技能，主动与同学或父母一起运动；
- 勇于挑战，主动控制不良情绪，积极参与体育运动或比赛，了解并遵守规则，尊重对手，公平比赛；
- 坚持写运动日记、周记，养成良好的运动习惯和健康行为；

……

其他群体

- 教育、体育、卫生、关工委、妇联、团委等部门（组织）应大力支持所在区域学校、社区开展各级各类儿童青少年体育健康促进活动，并尝试建立体育健康促进示范校、示范社区；
- 地方应将本区域学校体育健康促进行动方案纳入政府、教育行政部门、学校的考核体系和工作计划，并及时向社会公布；
- 体育教研员应积极发挥督促与指导作用，带领教师做好体育与健康教学工作，鼓励教师积极参与相关教科研活动；
- 社区及相关工作人员不仅应在社区内创建浓厚的体育健康促进氛围，配备良好的场地器材，做好体育健康促进宣传工作，也可以与学校、家庭相互沟通合作，共同建设服务于儿童青少年健康成长的新体系；
- 公益组织、企业可以与学校、社区进行合作，服务于儿童青少年健康成长；

……

PART 4
行动保障

行动保障

（一）建立赛事体系
夯实行动实施基础

1. 基于“赛事挑战”奖励计划，整合U系列的各类儿童青少年体育竞赛，建立家、校、社一体化赛事，并创设由乡镇、区、省市至国家的系列赛事体系，优化升级体育健康促进行动的赛事挑战形式和内容。
2. 建立体育健康促进行动全国联赛机制，通过健康促进实施的各类评奖评优赛事活动，推动各校及省市体育健康促进行动方案的全面落实与完善，实现全面育人的目标。
3. 开展全国体育健康促进行动创新大赛与科技大赛，丰富我国儿童青少年体育健康促进行动路径，扩大儿童青少年体育健康促进精品赛事的社会影响力。
4. 利用全国体育健康促进行动的实施，推动在“一带一路”沿线国家开展以武术等传统体育项目为主的中国特色体育健康促进行动赛事。
5. 培养专业的儿童青少年体育健康促进技术指导员，指导学校各项体育健康促进行动内容的实施与比赛，将一批有能力、有经验的健康促进指导员进一步发展为有执照、有技术的裁判员，保障各类体育赛事的开展。

（二）优化政策制度 保障行动统筹推进

1. 制定和完善儿童青少年体育健康促进相关政策，优化体育健康促进发展的制度环境，全面保障儿童青少年体育健康促进行动的顺利实施。
2. 健全领导体制和工作机制政策，教育部门协同体育、卫生、交通等相关部门通力合作，形成“横向协作，纵向联动”的网络监管格局，推动各省（市）、市（区、县）将落实本方案纳入教育、体育等重要议事日程。
3. 设立儿童青少年健康促进资金扶持制度，加大对本方案组织与实施的相关人力、财力和物力等方面的投入力度，为本行动的实施奠定基础保障。
4. 建立健全绩效监测、评价方式和监督机制政策，确保本方案有效贯彻落实，突出体育健康促进的相关成果，引导学校、家庭和社区等各层面群体开展积极的体育健康促进活动。

（三）落实融合产业 拓宽行动落实路径

1. 积极打造儿童青少年体育健康促进行动的“活力班级”“活力校园”“活力家庭”等“活力品牌”，以点带面，促进典型引领与整体推进相结合，形成社会品牌效应，引导社会力量积极加入体育健康促进行动。
2. 以“校园公益”和“青少年培训”为突破口，发挥体育行业协会的“纽带”作用，助力体育产业反推行动落实，推进产教融合，培育校园体育健康促进项目。
3. 加大体育“扶贫”力度，发挥体育彩票公益事业，深度挖掘体育在社会公益力量中的潜在作用，完善贫困地区体育基础设施。

（四）搭建信息平台 提高行动落实效果

1. 以“互联网+”“体育+”等新理念、新模式，针对体育健康促进行动实施的“卡脖子”问题，加强科技攻关，优化行动方案实施过程，提高行动实施的效果。
2. 加强健康资源整合和数据交汇，通过运用体育与健康大数据平台应用系统，创新科技健康服务模式，推进覆盖全生命周期的监测、分析、干预、反馈，以防为主，建立防治结合的体育与健康信息服务体系。
3. 打造一体化体育健康促进创新中心，借助现代科学技术，促进家、校、社、企结合，推进家庭、大中小学与幼儿园、社会和企业等创新主体高效协同，推出一系列体育健康促进的示范校、示范家庭和示范社区。

（五）加强中西部地区支援 保障全国健康均衡发展

1. 加大对中西部地区校长与体育教师培训力度及广度，选派专业儿童青少年体育健康促进技术指导员、公益体育俱乐部等前往中西部地区扎根支援，推动儿童青少年体育健康促进行动的落实与推广，助力中西部儿童青少年健康成长。
2. 建立专项基金，为中西部贫困地区提供体育健康促进的专项经费，保障中西部地区健康促进行动方案的开展与实效。
3. 建立“1+2”对口帮扶机制，挑选优秀的儿童青少年体育健康促进校对中西部地区的贫困校进行联动帮扶，将优秀经验进行本土化复制，在培育优秀健康促进校的同时推进中西部地区儿童青少年体育健康进程，推动全国健康事业均衡发展。

注意事项

1. 该行动方案的实施应在学校主导下进行，鼓励地方政府给予政策支持，教育、体育、卫生、社区等部门单位应积极响应并参与，统筹推进各项工作。
2. 该方案中的五大行动应作为整体统一实施，注重每项行动计划与课内课外、校内校外的联系。
3. 该方案适用于幼儿园、小学、初中和高中各学段学生，家庭、学校和社会在落实和开展儿童青少年体育活动计划时应区别细化。
4. 对于多动症（ADHD）、自闭症（ASD）等特质学生，家庭、学校和社会应集中进行体育健康促进，并制定针对性的运动干预方案。
5. 在进行体育运动时，注意做好安全防护以及做好热身和放松活动，如有身体不适时建议减少运动时间，降低运动强度。

结束语

儿童青少年作为国家未来建设与发展的中坚力量，肩负着国家繁荣和民族复兴的责任和使命。《中国儿童青少年体育健康促进行动方案（2020-2030）》构建了儿童青少年体育健康促进“五位一体”的线上线下服务体系，初步形成了家庭、学校和社会协同推进机制，不仅为儿童青少年的健康发展提供了新的方向和动力，还将为我国儿童青少年健康发展奠定坚实基础，是落实“健康中国”战略和“体育强国”建设的有效举措，也是推动我国儿童青少年健康发展的关键环节。期待各级部门、学校、社区协同合作，努力实现我国儿童青少年健康、全面发展，携手打好我国儿童青少年全面发展的“健康保卫战”，从而为国家高速发展提供不竭的健康人力储备，培养德智体美劳全面发展的社会主义接班人。

附录

《关于身体活动有益健康的全球建议》
（世界卫生组织，2010）

1. 身体活动形式：包括有氧活动、力量性活动、柔韧性锻炼、平衡训练等。
2. 持续时间：指活动或锻炼的持续时间长度，一般以“分钟”表示。
3. 频度：指参加活动或锻炼的次数，一般以每周的场、节、次数表示。
4. 强度：指进行某项活动或锻炼时所需付出力量的大小，一般用心率来表示。
5. 活动总量：可以以活动强度、活动频次、每次活动持续时间以及该活动计划历时长度的综合度量来表示。这些变量的乘积可以视为活动总量。
6. 中等强度身体活动：就绝对强度而言，中等强度身体活动指强度为静息强度的 3.0–5.9 倍的身体活动。就考虑了个体能力的相对强度而言，中等强度身体活动通常为 0–10 级量表中的 5 或 6 级。
7. 高强度身体活动：就绝对强度而言，高强度身体活动指强度为成人静息强度的 6 倍及以上或为儿童和青少年静息强度的 7 倍及以上的身体活动。就考虑了个体能力的相对强度而言，高强度身体活动通常为 0–10 级量表中的 7 或 8 级。
8. 有氧身体活动：有氧活动，又称耐力活动，可以增进心肺功能，如快走、跑步、骑车、跳绳和游泳等。

关于 5–17 岁年龄组身体活动有益健康的具体建议

1. 5–17 岁儿童青少年应每天累计至少有 60 分钟中等到高强度身体活动。
2. 大于 60 分钟的身体活动可以提供更多的健康效益。
3. 大多数日常身体活动应该是有氧活动。同时，每周至少应进行 3 次高强度身体活动，包括强壮肌肉和骨骼的活动等。

国内儿童青少年体育健康促进的相关政策文件

颁布年份	文件（行动）名称
1995	《全民健身计划纲要》
2001	《关于进一步加强和改进新时期体育工作的意见》
2001	“坚持健康第一”的指导思想
2004	“快乐十分钟”的健康促进行动
2005	《全国健康教育与健康促进工作规划纲要（2005-2010 年）》
2006	《关于进一步加强学校体育工作，切实提高学生健康素质的意见》
2007	“全国亿万青少年学生阳光体育运动”“每天锻炼 1 小时”
2007	“我行动、我健康、我快乐”
2007	《关于加强青少年体育增强青少年体质的意见》
2009	《全民健身条例》
2011	《全民健身计划（2011-2015 年）》
2012	《关于进一步加强学校体育工作的若干意见》
2014	《关于加快发展体育产业促进体育消费的若干意见》
2016	《关于加强健康促进与教育的指导意见》
2016	《全民健身计划（2016-2020 年）》
2016	《关于强化学校体育促进学生身心健康全面发展的意见》
2016	《“健康中国 2030”规划纲要》
2016	《青少年体育活动促进计划》
2018	《中国儿童青少年身体活动指南》
2019	《健康中国行动（2019-2030 年）》
2019	《体育强国建设纲要》
2020	《关于深化体教融合 促进青少年健康发展的意见》
2020	《关于全面加强和改进新时代学校体育工作的意见》
2020	《深化新时代教育评价改革总体方案》
2020	《关于深入开展爱国卫生运动的意见》

3 国外参考文献

[1]Abarca-Gómez L, Abdeen Z A, Hamid Z A, et al. Worldwide trends in body-mass index, underweight, overweight, and obesity from 1975 to 2016: a pooled analysis of 2416 population- based measurement studies in 128·9 million children, adolescents, and adults[J]. Lancet, 2017.

[2]Aguilar-Farias N, Miranda-Marquez S,Martino-Fuentealba P,et al.2018 Chilean Physical Activity Report Card for Children and Adolescents: Full Report and International Comparisons[J]. Journal of Physical Activity and Health,2020,17(8):807-815

[3]Australian Government, Department of Education, Employment and Workplace Relations. FAMILY - SCHOOL PARTNERSHIPS FRAMEWORK: A guide for schools and families,2008.

[4]Australian Government's Department of Health. Australia's physical activity and sedentary behaviour guidelines [R]. Woden Town Centre: Australian Government's Department of Health, 2014.

[5]Canadian Society for Exercise Physiology. Canadian physical activity guidelines Canadian sedentary behaviour guidelines [R]. Ottawa: Canadian Society for Exercise Physiology, 2012.

[6]Centers for Disease Control and Prevention. Comprehensive School Physical Activity Programs: A Guide for Schools. Atlanta, GA: U.S. Department of Health and Human Services,2013.

[7]Centers for Disease Control and Prevention. The association between school-based physical activity, including physical education, and academic performance. Atlanta, GA: U.S. Department of Health and Human Services,2010.

[8]Department of Health and Children, Health Service Executive. The national guidelines on physical activity for Ireland [R]. Dublin: Department of Health and Children, Health Service Executive, 2009.

[9]Department of Health and Social Care, et al.UK Chief Medical Officers' Physical Activity Guidelines,2019.

[10]Department of Health, Physical Activity, Health Improvement and Protection. Start Active, Stay Active: A report on physical activity from the four home countries' Chief Medical Officers [R]. London: Department of Health, Physical Activity, Health Improvement and Protection,2011.

[11]Department of the Prime Minister and Cabinet. Child and Youth Wellbeing Strategy,2019.

[12]Aubert S,Barnes J D,Abdeta C,et al.Global Matrix 3.0 Physical Activity Report Card Grades for Children and Youth: Results and Analysis From 49 Countries[J]. Journal of Physical Activity & Health, 2018, 15(S2): S251-S273.

[13]Guthold R, Stevens G A, Riley L M, et al. Global trends in insufficient physical activity among adolescents: a pooled analysis of 298 population-based surveys with 1· 6 million participants[J]. The Lancet Child & Adolescent Health, 2020, 4(1): 23-35.

[14]Health Promotion Board.National physical activity guidelines for children and youth aged up to 18 years: professional guide [R]. Singapore: Health Promotion Board, 2012.

[15]Kämppi K,Aira A, Halme N, et al. Results from Finland's 2018 Report Card on Physical Activity for Children and Youth[J]. Journal of physical activity & health, 2018, 15(S2): S355-S356.

[16]Mayor of London.The Physical Activity Olympic and Paralympic Legacy for the Nation,2014.

[17]Minister of Health. Implementing the New Zealand Health Strategy 2013. Wellington: Ministry of Health,2016.

[18]Minister of Health. New Zealand Health Strategy: Future direction. Wellington: Ministry of Health,2016.

[19]Ministry of Business Innovation and Employment and Ministry of Health. New Zealand Health Research Strategy 2017–2027: Summary of submissions and consultation. Wellington: Ministry of Health,2017.

[20]Organization for Economic Co-operation and Development (OECD). OECD Reviews of Innovation Policy: Finland 2017, OECD Reviews of Innovation Policy, OECD Publishing, Paris.

[21]Hallal P C,Andersen L B,Bull F C, et al. Global physical activity levels: surveillance progress, pitfalls, and prospects[J]. Lancet, 2012,380(9838):247-257.

[22]Physical Activity Guidelines Steering Committee.2008 Physical activity guidelines for Americans [R]. Washington, D.C: The U.S. Department of Health and Human Services, 2008.

[23]The Danish Health Authority. Recommendations for children and adolescents (5-17 years old) [R]. Copenhagen: the Danish Health Authority, 2014.

[24]World Health Organization. 2008–2013 Action Plan for the Global Strategy for the Prevention and Control of Noncommunicable Diseases. Geneva, 2008.

[25]World Health Organization. 2014 Global recommendations on physical activity for health [EB/OL]. http://www.who.int/dietphysicalactivity/factsheet_recommendations/zh/ index.html.2014.

[26]World Health Organization. Global action plan on physical activity 2018–2030: more active people for a healthier world. Geneva: World Health Organization, 2018.